我的小问题·科学Q

气候

[法]塞德里克·富尔/著
[法]林 琦/绘
唐 波/译

北京时代华文书局

什么是气候？

气候是指一个地区大气的多年平均状况。地球上存在多种差异非常明显的气候。气候深深影响着各地的自然景观以及**生物多样性**。

- 温带气候
- 赤道气候
- 热带气候
- 沙漠气候
- 寒带气候

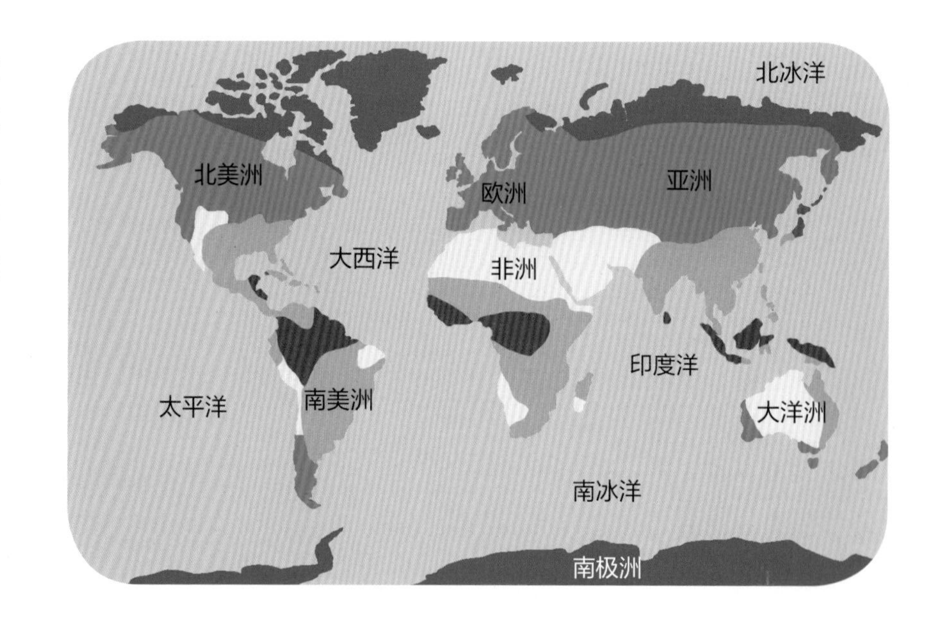

温带气候是一种既不会太热也不会太冷、既不会太干燥也不会太潮湿的气候类型。

热带气候的特点是总是很炎热，有雨季和旱季之分。

赤道气候的特点是全年炎热潮湿。

沙漠气候是一种干燥炎热、降水很少的气候类型。

寒带气候的特点是温度非常低，天气总是非常寒冷。

气候学是研究气候的科学。气候学家会分析很长一段时间（几个月或几年）的**气温**和**降水**，并将这些信息都体现在**图表**上。

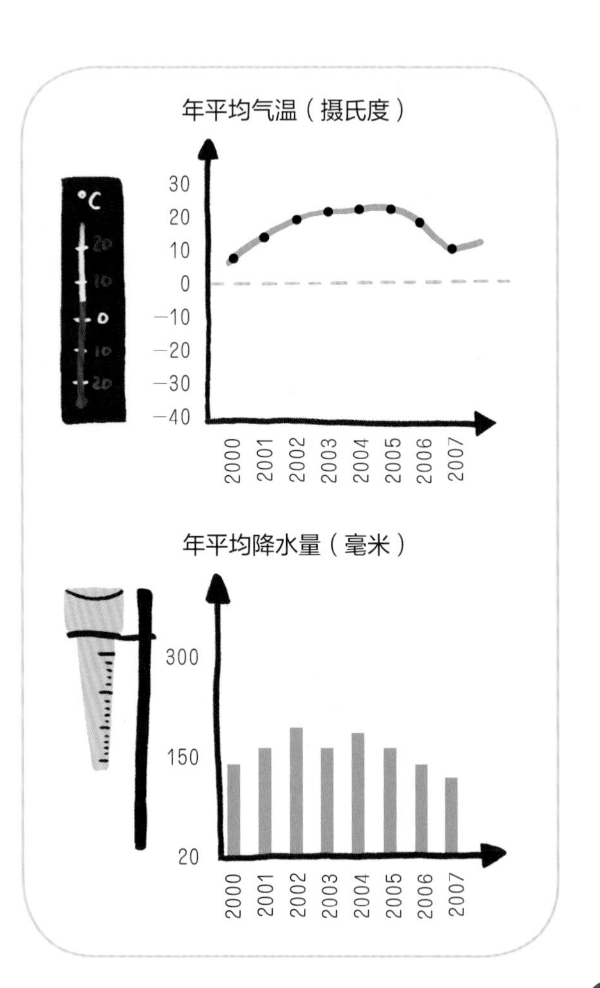

气象和气候的区别是什么？

气候学和气象学密切相关。这两门科学都是研究**天气现象**的，只不过二者的研究持续时间不同，使得它们之间有所区别。

气象学家对一天或者一周内的天气感兴趣。他们分析的是短期以及特定地理区域内的天气现象。

气候学家研究的是更广阔的区域（一个国家、一片大陆甚至整个地球）以及更长的时间里（几个月、几年甚至几世纪）的天气现象。

两门科学研究中的重要数据都是**气温**和**降水量**。

小实验

计算你所在城市的平均气温

准备一个计算器。

1. 在室外放置一个温度计，每天在同一时间记录下当时的气温，持续记录一个月。

2. 将每天的气温记在一个表格里。

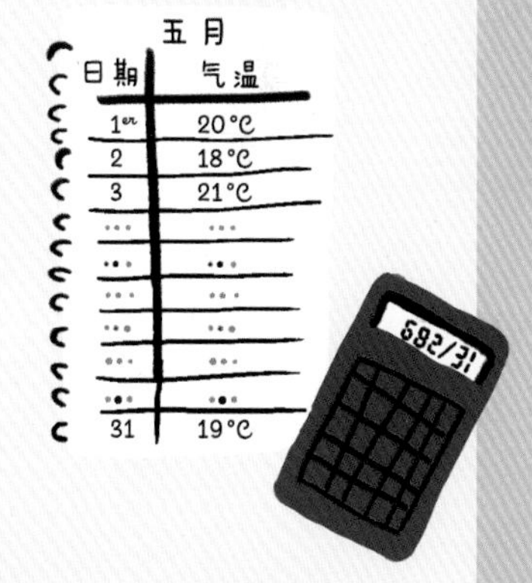

3. 一个月后，将你记录在表格里的所有气温值相加求和。

4. 然后将求和的结果除以该月的天数。

5. 所得到的数字就是这个月的平均气温。

气象站是做什么的？

为了观测**天气现象**的演变，科学家们会借助各种仪器定期对天气状况进行测量。这些仪器可以在气象站里找到。

安放在室外的**温度计**能**测定**一天中不同时刻的气温。而有了**雨量器**，我们就能知道降水量是多少。

风向标和**风速计**能为我们指示风的方向以及强度。

气压计能测出**气压**，从而能让我们预测天气的变化。

小实验

制作一个气压计

准备一个气球、一个果酱瓶、一根吸管、一根橡皮筋，以及一把剪刀和一些胶水。

1. 用剪刀将气球的底部剪下来，覆盖在果酱瓶口，并用橡皮筋固定。

2. 请大人帮忙把吸管的一端剪成尖头状。

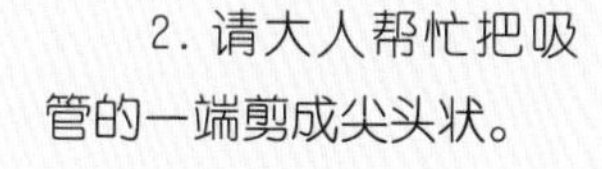

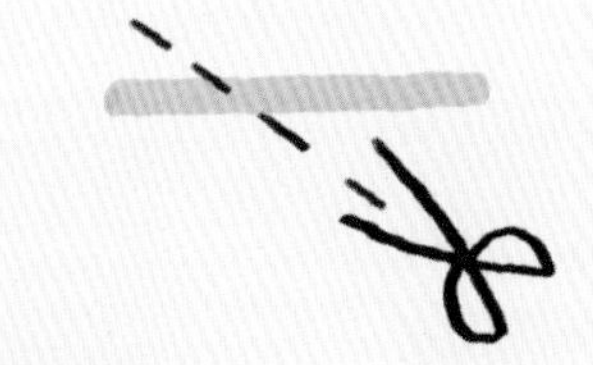

3. 用胶水把吸管粘在气球的中心位置。

4. 将粘有吸管的果酱瓶放在一块硬纸板前。在纸板上吸管尖头所指的位置水平画一条横线。

5. 在横线上方画一个太阳，下方画一朵云。

当果酱瓶外的气压比瓶内的气压高时，气球薄膜会凹陷下去。这时候吸管尖会升起指向太阳，这代表会有一个好天气。

相反，当瓶外的气压比瓶内的气压低时，气球薄膜会鼓起，吸管尖则会下降并指向云朵，这意味着会有一个坏天气（下雨、阴天或刮风）。

为什么地球上会有不同的气候？

太阳决定着地球表面的**温度**。但太阳光在地球**地极**与**赤道**的照射方式是不一样的。

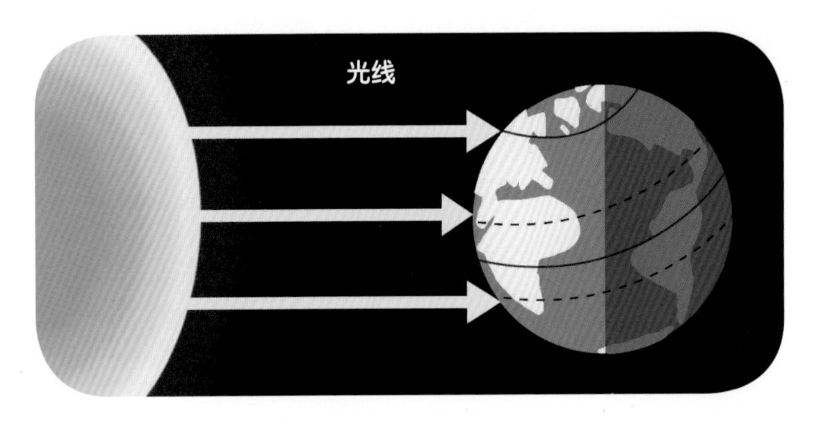

由于太阳比地球大得多，而且离地球很远，所以太阳射向地球的光线是平行的。但由于地球是圆的，因此，靠近地球两极的地方，被一束太阳光照射到的区域范围更广。而靠近赤道的地方，太阳的光线则更加集中。

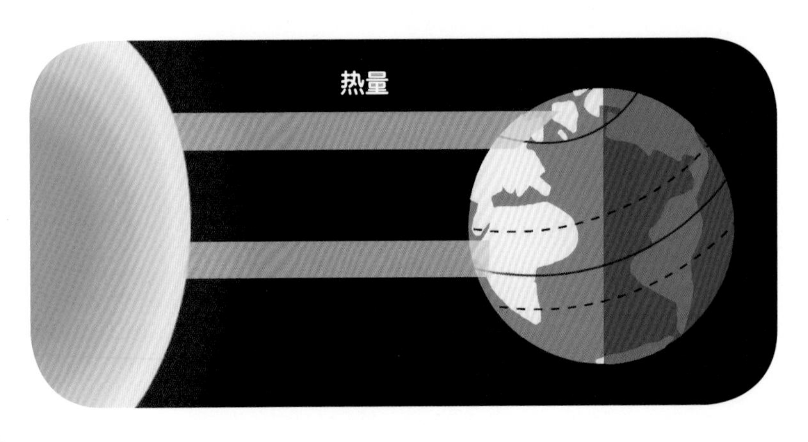

太阳光需要更长的时间才能到达地极。因此，赤道地区天气更炎热，而两极地区天气更寒冷。

小实验

照亮地球

用一张黑色的纸代表地球表面。用一盏灯（代表太阳）照亮这张纸。

当光束垂直照在纸上时（就像照在赤道上），纸上会形成一个小的圆形光点。光线很集中。

如果纸是倾斜的（就像照在地球两极），光线就会铺展开来。

小实验

哪里更热？

用两盏一样的灯分别照射两块一样的巧克力：其中一块巧克力用灯在其上方（代表赤道）照射，另一块巧克力则用灯从其侧面（代表地极）照射。从侧面照射的巧克力要比从上方照射的巧克力融化得更慢。

风对气候有什么影响？

如果只有太阳对气候产生**影响**，那么地球各地区之间的气候差异将会非常大。但是，风对气候也是有影响的。

风是覆盖地球的空气的运动，它是由地球表面的温差引起的。

赤道地区的空气更热，随着纬度的增高，空气则逐渐变冷。

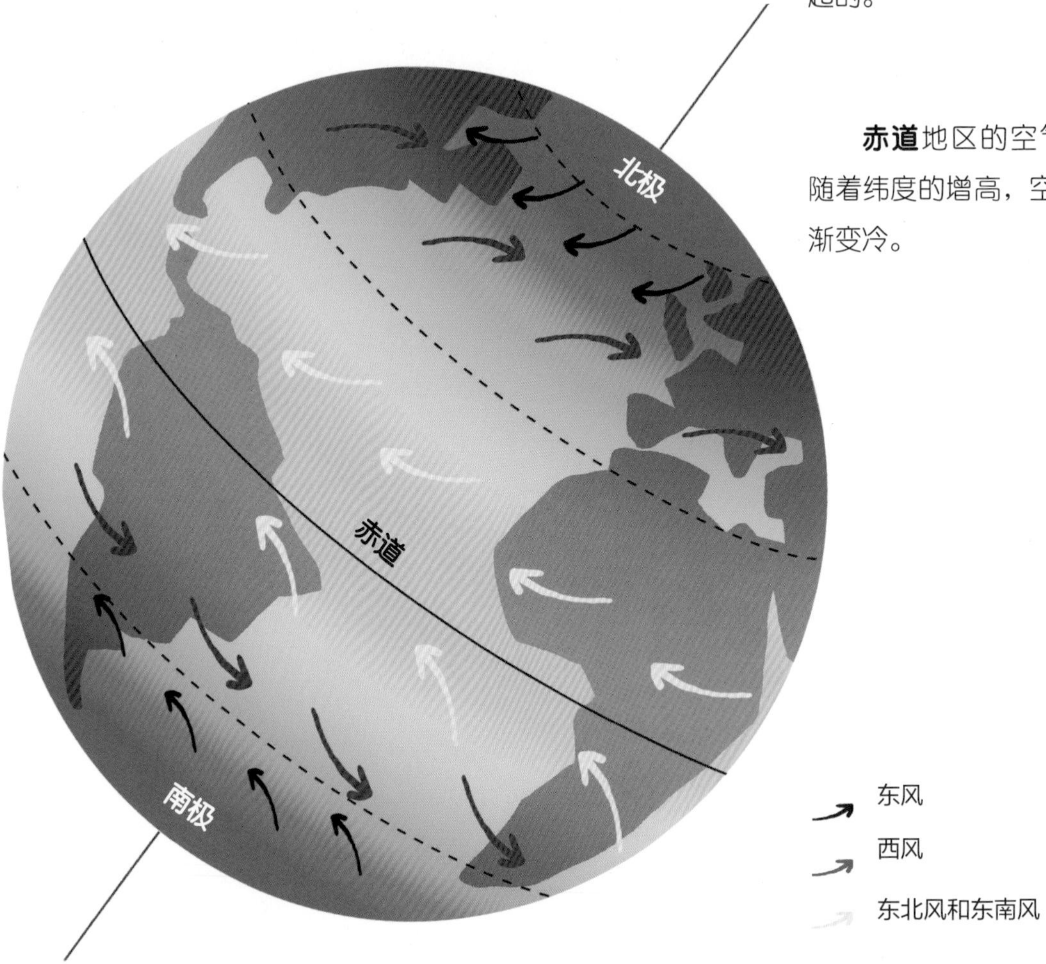

北极
赤道
南极

东风
西风
东北风和东南风

因为热空气比冷空气轻，所以它会上升。在**海拔**较高的空中，热空气因冷却变重而重新下降。当热空气上升时，冷空气又取而代之。这造成了地球表面空气的流动：风就形成了。

因此，风可以让热量在地球**表面**转移。

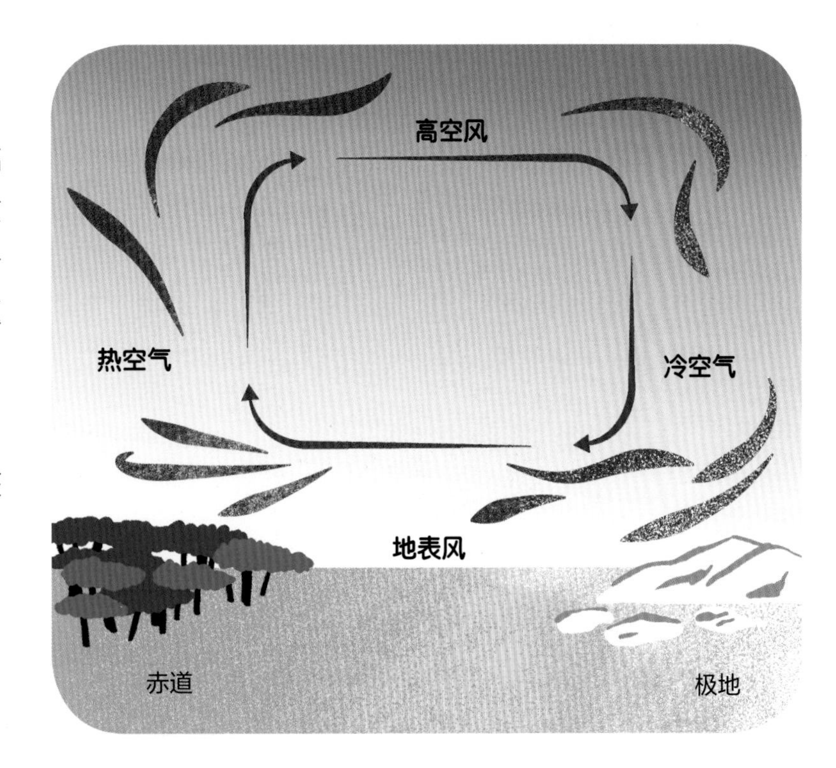

小实验

热空气上升了！

1. 将纸剪成螺旋状。

2. 在纸螺旋的中心钻一个孔，然后在孔里穿一根线。

3. 手拿着纸螺旋，放在开着的取暖器的上方，由于空气的流动，纸螺旋开始旋转。这就是热空气会上升的证据。

云是怎么形成的？

我们有时候会很在意云，因为它经常宣告坏天气的到来。云对气候也有**影响**，它是由聚集在一起的水滴形成的。

随着**海拔**的升高，空气逐渐冷却，里面的**水蒸气**变成了小水滴。小水滴非常轻，以至于它们能**悬浮**在空中，并形成云。

小实验

在广口瓶内制造一朵云

准备一个广口玻璃瓶、一个喷水壶、一些非常热的水和一些冰块。

1. 请大人帮忙把热水倒进广口瓶中。

2. 把瓶盖反过来，倒放在瓶口上，然后在瓶盖上放一些冰块。

云是**降水**的源头。在云中，飘着的小水滴相互碰撞并聚集在一起，形成了越来越大的水滴。这些大水滴变得越来越重，就会从云中落下。

云还像遮阳伞一样，阻挡了一部分照射到地球的太阳光。夏天，当天空有一大片云彩飘过时，我们立刻就能感觉到**气温**的下降。

3. 拿下瓶盖，用喷水壶在广口瓶内喷一些水，然后立刻用放有冰块的盖子盖住。

4. 热水的水蒸气与喷壶喷出的水颗粒依附在一起形成了小水滴，一朵云出现了。

5. 如果你将盖子拿开，云就会飘出来！

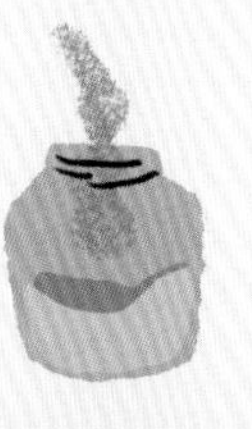

海洋对气候有什么影响？

海洋覆盖了一半以上的地球**表面**，它们是天然的储热罐——它们将从太阳光里**吸收**的热量储存下来。因此，**赤道**地区的海水是最热的。

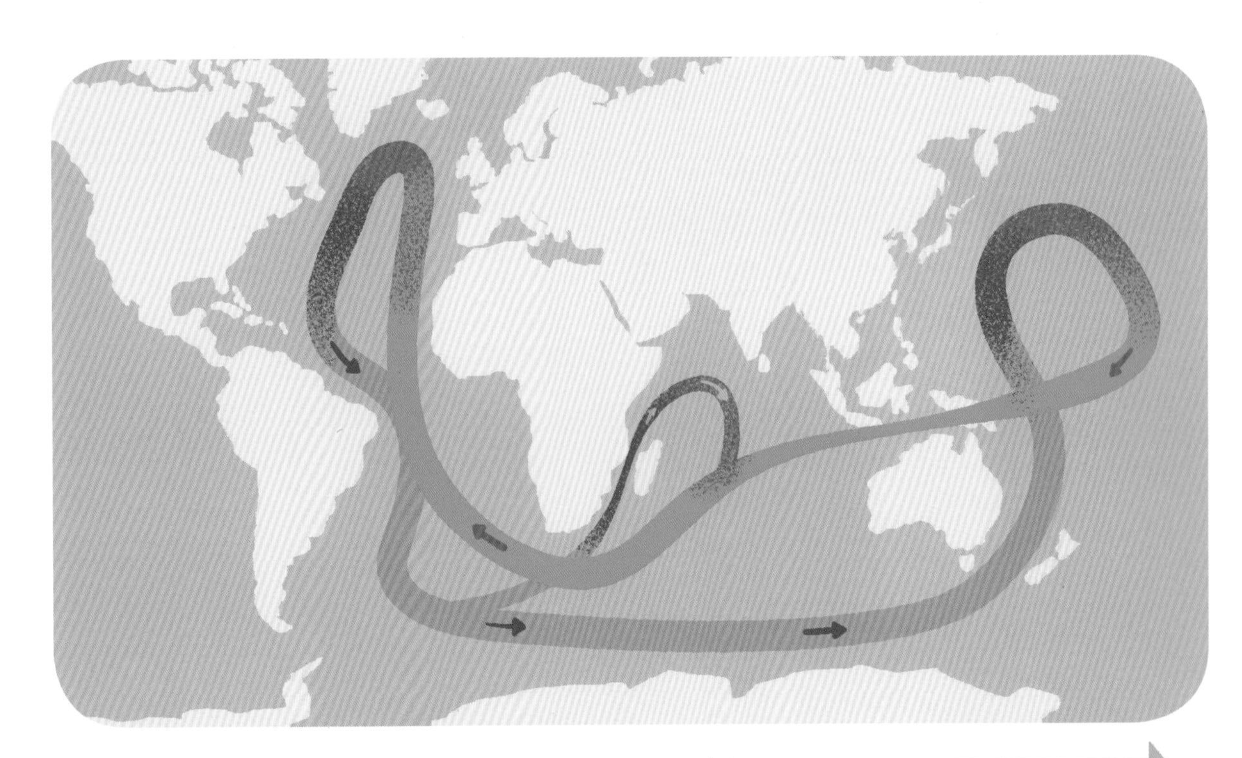

海洋里的热水停留在表层，**洋流**将它们带往两极。在极地地区，这些水会变冷。冷水比热水的**密度**大。在冷却的过程中，它们会下沉到海底，然后又会回到**热带**地区，再次变热。

海洋表层的暖流

海洋深处的寒流

海洋分散了储存在地球上的热量。它们能将一部分热量送回空中。如果没有**洋流**，赤道地区会更加炎热，南北两极会更加寒冷。

洋流就像传送带一样。一滴水需要 1 000 多年的时间才能完成一次循环。

小实验

寒流与暖流

我们可以用两个瓶子制造一股“洋流”。

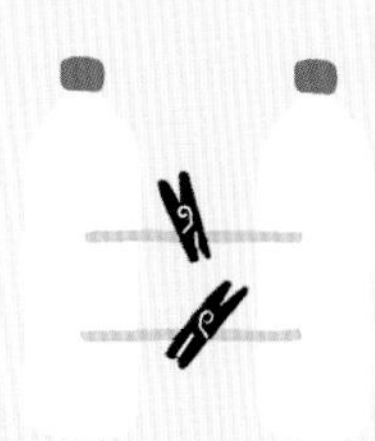

1. 用两根吸管将两个瓶子连接起来，用夹子夹住吸管的中间部位，并用胶枪给这一装置做好密封，防止它漏水。

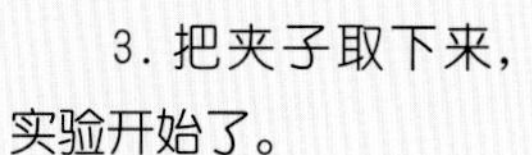

3. 把夹子取下来，实验开始了。

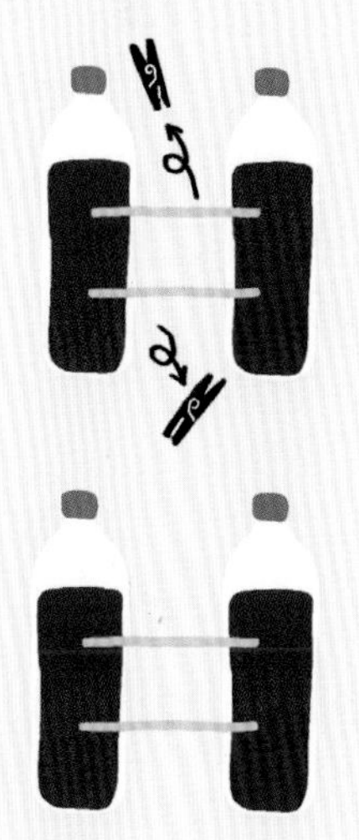

2. 一个瓶子里装热水（染成红色），另一个瓶子里装冷水（染成蓝色）。

4. 较热的红色水会从上方的吸管中流过，较冷的蓝色水则会从下方的吸管中流过。

什么是温室效应？

天然温室效应是指使地球维持在一个可接受的**温度**范围，从而令生命得以生存的现象。

地球被一层**气体**包围着，这层气体形成了**大气层**。大气层就好像培育植物的**温室**的玻璃一样，它让太阳光穿透进来，但是会吸收太阳的热量。

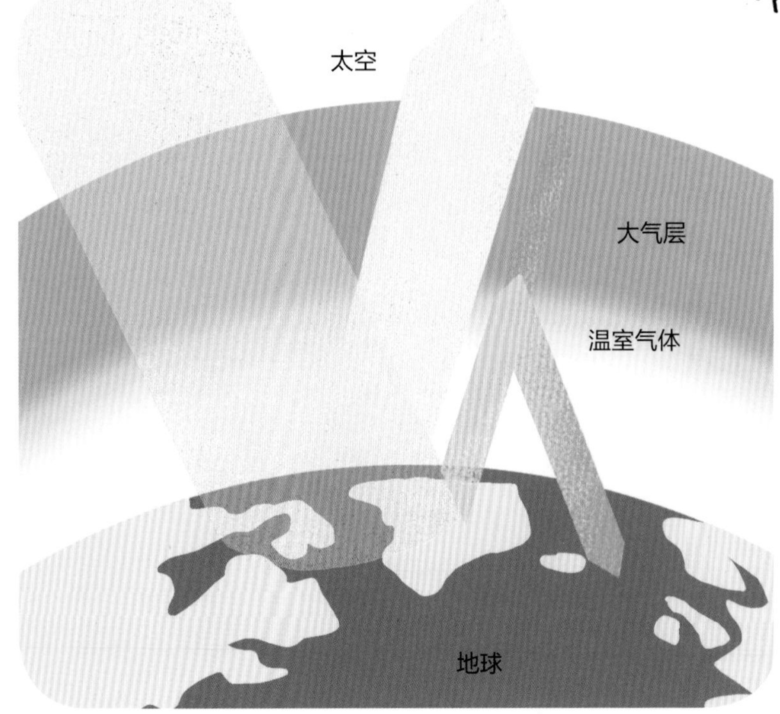

当太阳光到达地球时，地球会变暖并将一部分热量反射到太空。

地球反射到太空的热量中有一部分会被大气层获取，大气层会将它再次反射到地球，从而使地球变得更暖。大气层中吸收热量的气体被称为温室气体。

小实验

了解温室效应

1. 将两个相同的装有水的玻璃杯放在阳光下。

2. 用一个大玻璃盆将其中一个杯子罩住。

3. 让阳光照射一个小时。然后，用温度计分别测量两杯水的温度。罩在玻璃盆下的玻璃杯里的水温度更高。

玻璃盆捕获了太阳的热量并防止其流失。因为热量留在了玻璃盆里，所以使玻璃杯里的水变热了。这种现象就叫作温室效应。

如果没有温室效应，地球表面的平均温度将是 -18 摄氏度。多亏了温室效应，地球表面的平均温度才是 15 摄氏度。

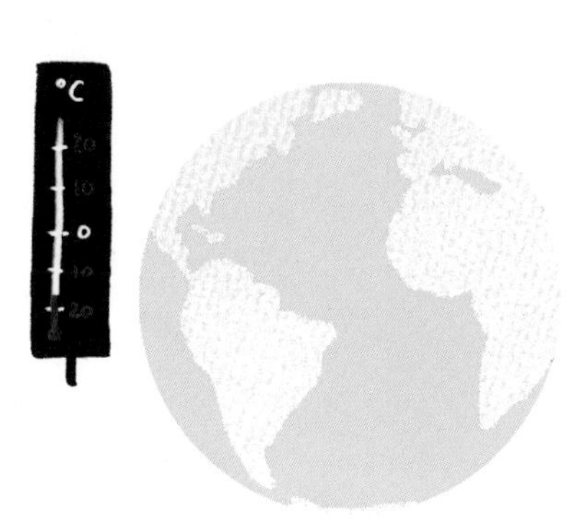

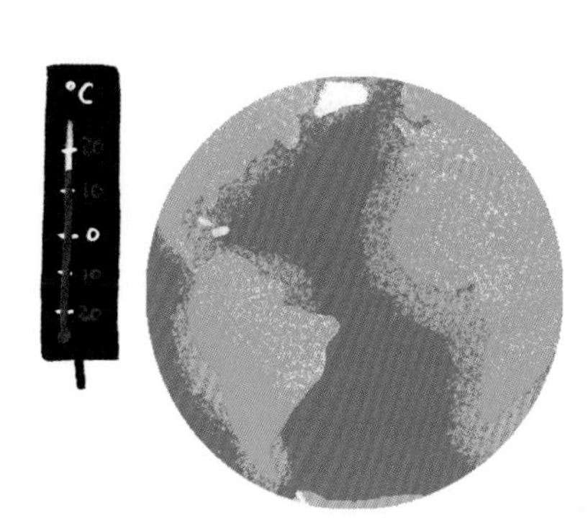

什么是气候变化？

气候变化是指海洋和大气平均温度的变化。这种变化发生在世界各地，并已持续多年。气候会经历一些周期性的自然变化，这些变化出现的原因有以下几点：

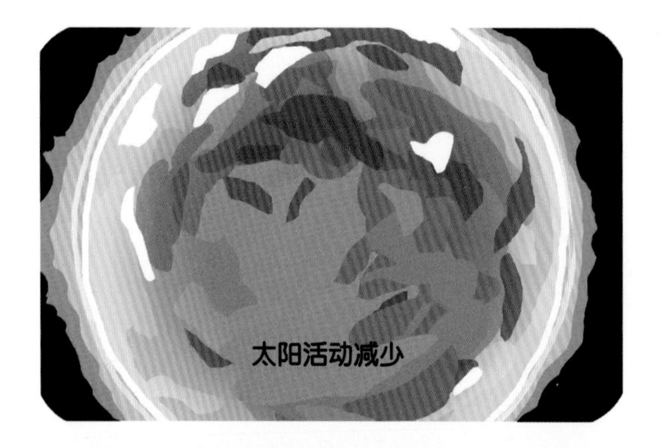

目前，我们的星球正在受到气候变化带来的影响：天气越来越热，**冰川**和**海冰**正在融化，飓风和海啸等极端**气候事件**出现得越来越频繁，地球的温度在上升。这就是全球变暖。

但这并不意味着今天的**温带气候**地区会突然变成**沙漠气候**。但这个地区可能会变得更加炎热或者下雨更频繁。

地球气候演变的历史是怎样的？

在漫长的历史中，地球经历过不同的气候。寒冷的冰河**时期**与全球变暖时期**交替**出现。现在，我们就处于全球变暖时期。

在一些时期，地球几乎完全被冰雪覆盖着，看上去就像一个巨大的雪球。

而在另一些时期，地球处处都比现在炎热。比如，在恐龙时代，南极洲并没有被冰雪覆盖。

史前时代，人类生活在冰河时期。猛犸象、驯鹿和熊生活在如今的欧洲和亚洲地区。

小冰期是**中世纪**末出现的、影响全球的寒冷气候时期。

今天，北美洲、欧洲以及亚洲大部分地区都是**温带气候**。

我们是如何知晓过去的气候的？

气象记录出现的时间并不长。为了了解古代的气候，我们必须找到其他**线索**，比如从大自然中寻找线索。

科学家们将一根长长的管子钻入地底、湖底或冰川里采集**样本**，我们称其为**样芯**。管子钻得越深，所采集到的样本的年代就越久远。之后，科学家们会在**显微镜**下观察这些样本。

通过采集冰的样芯，我们可以分析冰的**成分**，这些成分是在不断变化的。而在泥土的样芯里，我们找到了当时生长的植物的花粉，它们和当时的一些动物的甲壳碎片混合在一起。

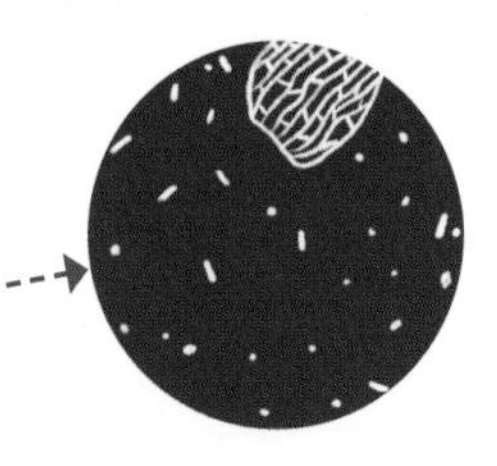

根据这些信息，我们就能知道当时的气候是炎热的还是寒冷的。

树木也给我们提供了线索。每个**年轮**对应着树木的一个生长年。当气候适合树木生长时，年轮就很宽。而当气候不利于树木生长时，年轮就很窄。

探索过去的气候

观察森林中的**树桩**。你可以数一数它们的年轮来计算它们的年龄，同时也能了解一些过去的气候状况。

当前气候变化的原因是什么？

地球的**温度**取决于温室效应。可问题在于，由于人类的活动，温室效应在增强。这导致了地球平均温度的升高。

为了让工厂和机器（汽车、卡车、取暖设备等）运转，我们需要燃烧煤炭、石油和天然气，这些是我们的主要**能源**。而燃烧能源会将一些气体，比如**二氧化碳**排放到空中。

人类活动产生的气体加剧了温室效应。这些气体就是温室气体。

奶牛放屁和打嗝会释放出甲烷，这是另一种温室气体。

不合理的采伐

为了生长，树木会吸收、利用空气中的二氧化碳。而人类对森林的采伐使得树木的数量减少了。因此，树木吸收二氧化碳的数量也就减少了。

气候变化会导致什么后果？

地球越来越热。随着全球变暖，在未来100年的时间里，地球温度将升高1～5摄氏度。这一变化已经对大自然产生了很多影响。

自然景观正在改变：沙漠在不断扩大，**海冰**在融化，各大洲的**冰川**也开始融化。

海平面在上升，导致洪水泛滥以及一些岛屿消失。数百万人因此被迫离开家园，迁往其他地方。

热浪、飓风、洪水、干旱等极端**气候事件**越来越频繁地出现。

生物多样性受到了威胁：许多物种正在消失，一些物种正在改变自己的习性。以法国的白鹳为例，这种候鸟通常会飞到温暖的国家过冬，但是现在，有一些白鹳全年都会待在法国。

生活在海冰上的北极熊，正在眼睁睁地看着它们的栖息地一点点地消失。

这些变化对人类的健康也产生了影响。比如亚洲虎蚊之类的昆虫正在一些新的地区繁殖，这导致了疾病的传播。

为什么海平面会上升？

如果全球气候持续变暖，未来 100 年的时间里，海平面将上升 1 米左右。冰川融化是海平面上升的原因之一。

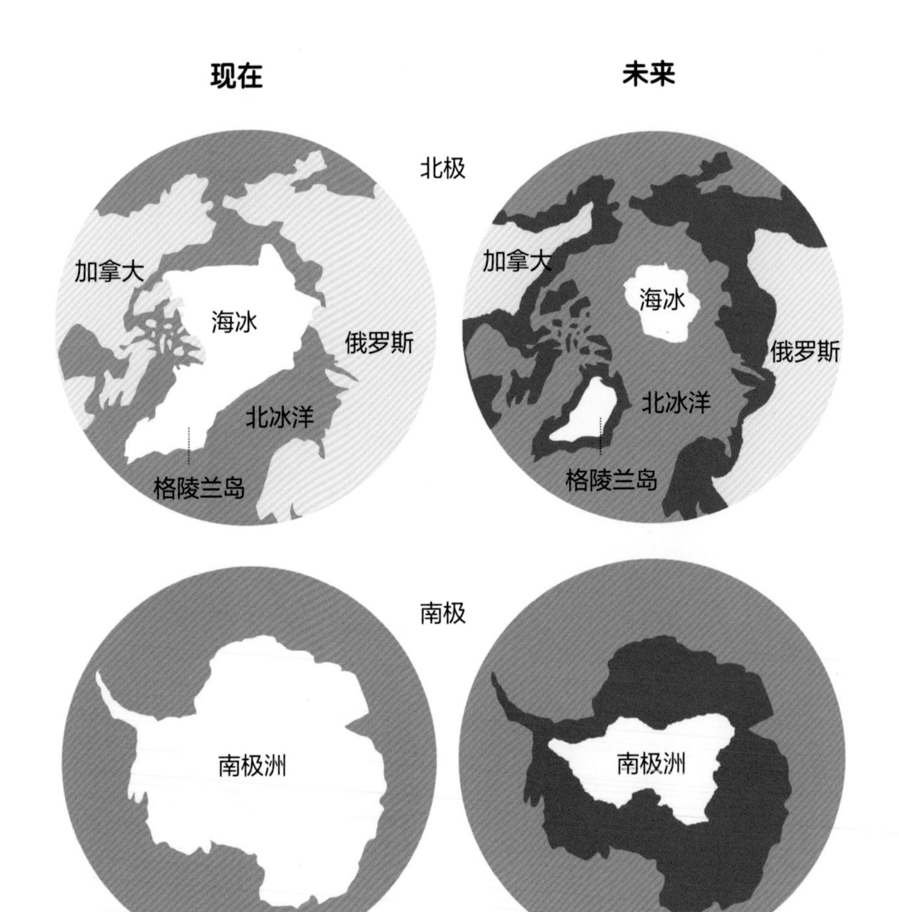

海冰是海洋表面冻结而成的冰。它漂浮在北冰洋的海面上。海冰是否融化不会对海平面造成影响，因为它已经在海洋里了。

大陆冰位于陆地，这是一些**冰川**和**冰盖**（主要分布在格陵兰岛和南极洲）。正是这种冰的融化导致了海平面的上升。

小实验

如果冰融化，水位会上升吗?

为了回答这个问题，你需要准备两个相同的容器，在里面装一点水，放一些小石子、一些冰块和一个小雕像。

1. 在其中一个容器里，将冰块放在石子上，代表大陆冰。

如果大陆冰融化，水位会上升。

2. 在另一个容器里，让冰块漂浮在水里，代表海冰。

如果海冰融化，水位则不会改变。

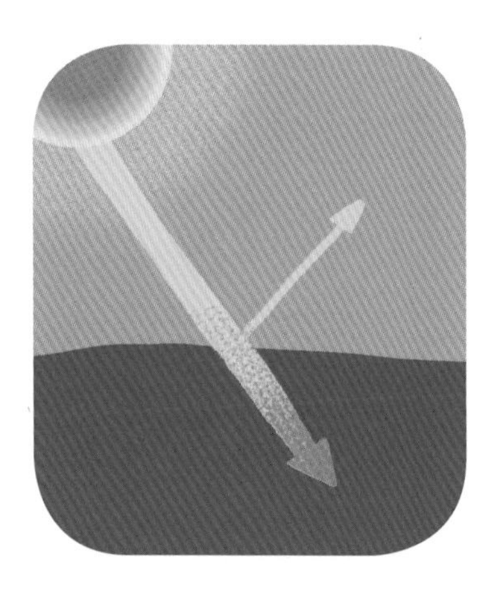

海冰对全球气候变暖也有影响，它巨大的白色**表面**可以反射太阳光。当海冰消失时，原本位于它下方的海洋就直接暴露在阳光下。由于海面是深色的，更易吸收热量，因此升温更快。

我们该如何应对气候变化？

为了防止地球表面的温度变得太高，我们必须限制温室**气体**的排放。因此，我们要减少对石油、煤炭、天然气以及电力的使用。我们每个人都能通过减少对能源的消耗来应对气候的变化。

不使用电器时，将它们都关掉；离开房间时，把灯关掉。

减少垃圾，节约用水。

改善房屋的**隔绝**性能，以减少冬天对取暖设备以及夏天对空调的使用频率。

短距离出行时，使用自行车而不是汽车；长距离出行时，搭乘公共交通工具。

为了减少污染，一些汽车可以使用电力或者生物燃料。我们还可以用其他污染较少的能源——太阳能、风能或水能来发电。

太阳能可以通过太阳能电池板得到开发利用。

风力发电机能将风转化为能量。

水力发电利用的是水坝拦蓄的水的动力。

我们还必须保护森林，因为树木能够**吸收**二氧化碳这种温室气体。

关于气候的小词典

这两页内容向你解释了当人们谈论气候时最常用到的词，便于你在家或学校听到这些词时，更好地理解它们。正文中的加粗词汇在小词典中都能找到。

表面：物体的可见部分或者最外层。

冰川：大陆上面积广阔、像河川一样的冰体。

冰盖：陆地上的大面积冰体。

测定：测量确定。

成分：构成事物的各种不同物质或元素。

赤道：一条环绕地球并将地球分成南北两部分的假想线。

赤道气候：全年炎热潮湿的气候。

大气层：将地球包围住的气体层。

地极：地球自转轴的两个端点。

二氧化碳：一种温室气体。

风力发电机：一种大型柱状设备，带有叶片，能将风转化为能量。

风速计：用于测量风的强度的仪器。

风向标：指示风向的仪器。

隔绝：隔离冷、热、声音等。

海拔：某个地点高出海平面的高度。

海冰：海洋表面冻结而成的冰。

寒带气候：特别寒冷的气候。

降水：从大气中以液态（雨）或固态（雪、冰雹）形式降落的水。

交替：一个代替另一个，相继而来。

密度：物体的质量跟它的体积的比值，即物体单位体积的质量。

能源：能够产生各种能量（比如热量、电能和机械能等）的物质。

年轮：由一个浅色部分和一个深色部分组成的轮状结构，一轮对应着树木一年的生命。

气候事件：在一定时间发生的与气候相关的事件。

气体：没有一定的形状和体积，能自由流动的物体。

气温：空气的温度。

气象记录：对气温与降水等的测量。

气压：指大气的压强，即空气对它所遇到的所有事物在各个方向施加的力。

气压计：通过测量气压来预测天气的仪器。

热带：赤道两侧南北回归线之间的地带。终年炎热。

热带气候：炎热、有旱季和雨季之分的气候。

沙漠气候：干燥炎热、降水少的气候。

生物多样性：生存在地球上的所有生物及生存环境的多样性。

时期：一段持续较长的时间。

史前时代：一个非常古老的历史时期，指有历史记载之前的时期。

树桩：一棵树被砍断后留下来的根部以及一部分树干。

水蒸气：水的气体形式。

天气现象：在一定时间发生的天气事件。

图表：用来呈现各种信息的图形和表格。

温带气候：既不太热也不太冷，既不太干燥也不太潮湿的气候。

温度：物体的冷热程度，以度为单位。

温度计：用来测量温度的仪器。

温室：以玻璃（或塑料）覆盖的建筑物，有利于光的进入和热量的保存，因此适宜植物生长。

吸收：保留，留住。

显微镜：能将我们观察的东西放大的仪器。

线索：指事情可寻的头绪、路径。

悬浮：飘浮在空中。

洋流：海洋里的海水持续的远距离的运动。

样本 ：用以观测或调查的一部分个体。

样芯：用长管钻取的土壤或冰的样本。

影响：对事物产生作用。

雨量器：用于测量降水量的仪器。

中世纪：欧洲历史的一个时期。

图书在版编目（CIP）数据

气候 /（法）塞德里克·富尔著 ；（法）林琦绘 ；唐波译．— 北京 ：北京时代华文书局，2022.4
（我的小问题．科学）
ISBN 978-7-5699-4557-7

Ⅰ．①气… Ⅱ．①塞… ②夏… ③唐… Ⅲ．①气候－儿童读物 Ⅳ．① P46-49

中国版本图书馆 CIP 数据核字（2022）第 035614 号

我的小问题·科学　气候

Wo de Xiao Wenti Kexue Qihou

著　　者 |［法］塞德里克·富尔
绘　　者 |［法］林　琦
译　　者 | 唐　波

出 版 人 | 陈　涛
选题策划 | 阿卡狄亚童书馆
策划编辑 | 许日春
责任编辑 | 石乃月
责任校对 | 张彦翔
特约编辑 | 申利静
装帧设计 | 阿卡狄亚·戚少君
责任印制 | 訾　敬
营销推广 | 阿卡狄亚童书馆
出版发行 | 北京时代华文书局 http://www.bjsdsj.com.cn
北京市东城区安定门外大街 138 号皇城国际大厦 A 座 8 楼
邮编：100011 电话：010-64267955 64267677
印　　刷 | 小森印刷（北京）有限公司　010-80215076
开　　本 | 787mm×1194mm　1/24　　印　　张 | 1.5　　字　　数 | 36 千字
版　　次 | 2022 年 5 月第 1 版　　印　　次 | 2022 年 5 月第 1 次印刷
书　　号 | ISBN 978-7-5699-4557-7
定　　价 | 118.40 元（全 8 册）